Fadi Alsouda

Melhoria do coeficiente de desempenho do sistema de arrefecimento

Fadi Alsouda

Melhoria do coeficiente de desempenho do sistema de arrefecimento

utilizando o permutador de calor Terra-Ar

ScienciaScripts

Imprint
Any brand names and product names mentioned in this book are subject to trademark, brand or patent protection and are trademarks or registered trademarks of their respective holders. The use of brand names, product names, common names, trade names, product descriptions etc. even without a particular marking in this work is in no way to be construed to mean that such names may be regarded as unrestricted in respect of trademark and brand protection legislation and could thus be used by anyone.

Cover image: www.ingimage.com

This book is a translation from the original published under ISBN 978-620-2-06630-3.

Publisher:
Sciencia Scripts
is a trademark of
Dodo Books Indian Ocean Ltd. and OmniScriptum S.R.L publishing group

120 High Road, East Finchley, London, N2 9ED, United Kingdom
Str. Armeneasca 28/1, office 1, Chisinau MD-2012, Republic of Moldova, Europe
Printed at: see last page
ISBN: 978-620-7-90873-8

Conteúdo

Resumo

Este livro tem como objetivo avaliar o desempenho térmico e a viabilidade da integração do permutador de calor terra-ar (EAHE) com o sistema de arrefecimento de ar por compressão de vapor do edifício no clima quente da região do Golfo Árabe ou em climas semelhantes. No sistema proposto, o ar ambiente é forçado por um ventilador axial através de um EAHE enterrado a uma certa profundidade abaixo da superfície do solo. O EAHE utiliza a baixa temperatura do subsolo e as propriedades térmicas do solo para reduzir a temperatura do ar de arrefecimento. O ar de saída do EAHE é utilizado para arrefecer a serpentina do condensador de um sistema de ar condicionado baseado no ciclo de compressão de vapor (VCC) para melhorar o seu coeficiente de desempenho (COP). O potencial de melhoria do COP foi investigado para dois refrigerantes diferentes (ou seja, R-22 e R410a) em sistemas de arrefecimento. Foi desenvolvido um modelo matemático para estimar a temperatura do solo subterrâneo a diferentes profundidades e foi calculada a correspondente temperatura do ar de saída do EAHE. Os resultados obtidos mostraram que a temperatura do solo no Dubai a 4 metros de profundidade é de cerca de 27^0 C e permanece relativamente constante ao longo do ano. A fim de estimar o efeito da utilização do EAHE no desempenho do sistema VCC, foi selecionado um projeto de uma moradia como estudo de caso. Os resultados obtidos mostraram que o sistema EAHE contribuiu eficazmente para o COP do CCV com um aumento global de 47% e 49% para os ciclos R22 e R410a, respetivamente. Além disso, os valores calculados foram validados com o modelo de simulação Cycle_D e mostraram uma boa concordância com um desvio máximo de 5%. Verificou-se que o período de retorno do investimento para este projeto é de cerca de dois anos, enquanto o tempo de vida esperado é de cerca de 10 anos, o que o torna uma oportunidade de investimento atractiva.

Palavras-chave: Coeficiente de desempenho (COP), ciclo de compressão de vapor (VCC), permutador de calor Terra-Ar (EAHE).

1. Introdução:

O consumo de energia nos edifícios é um tema de estudo importante porque os edifícios são

os principais consumidores de energia na maior parte das cidades do mundo. Como mostra a

figura 1, os edifícios residenciais e comerciais representam 76% do consumo total de

eletricidade no Dubai, cerca de 50% do qual é consumido para arrefecer edifícios residenciais

e comerciais, o que representa um valor de cerca de 13 700 KWh por ano. [23]

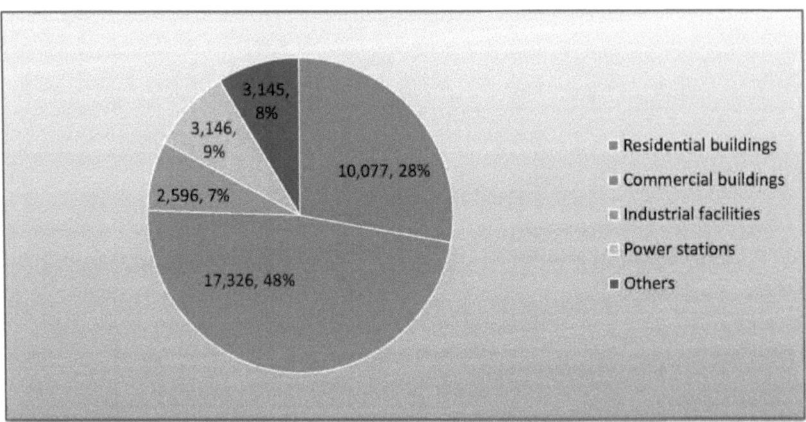

Figura 1 Consumo de eletricidade no Dubai por sector [23]

O elevado consumo de eletricidade no Dubai deve-se ao clima extremamente quente durante

o verão. Como mostra a figura 2, há uma variação significativa no pico da procura de

eletricidade entre o verão e o inverno, o que pode ser atribuído às necessidades de energia de

arrefecimento no verão.

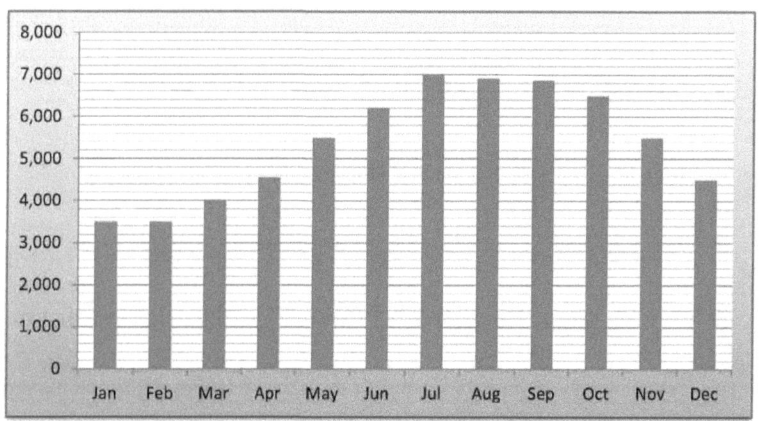

Figura 2 Pico de procura de eletricidade no Dubai em MW [23]

Esta variação entre a procura de energia no verão e no inverno representa um desafio para a central eléctrica, que tem de satisfazer as necessidades de energia em ambas as estações, mantendo uma elevada eficiência operacional, o que resulta num custo de energia mais elevado para a empresa de serviços públicos e, consequentemente, para os utilizadores finais. Além disso, aumenta as emissões de dióxido de carbono para o ambiente, uma vez que a central não estará a funcionar com a sua eficiência óptima.

Muitas técnicas foram estudadas e implementadas para cobrir o gabarito sazonal ou diário da procura de energia, podendo estas técnicas ser do lado da procura ou da oferta. Por exemplo, o modelo de produção mista de energia e a diversidade das fontes de energia estão a ser utilizados em muitas cidades do mundo e, na maioria dos casos, o armazenamento de energia pode ser necessário para gerir os lados da oferta e da procura.

Além disso, importa referir que a gestão do lado da procura é mais difícil, uma vez que envolve um grande número de utilizadores com diferentes tipos de aplicações, mas é mais eficaz do que a gestão do lado da oferta de energia.

Em muitas regiões do mundo, o ar condicionado é considerado uma necessidade e não um luxo. No clima quente dos países do Golfo Árabe, onde a temperatura atinge os 56^0 C no verão, a procura de energia necessária para o arrefecimento dos edifícios aumenta consideravelmente durante a estação estival, devido ao aumento da carga de arrefecimento dos edifícios e à deficiência do sistema de arrefecimento devido à elevada temperatura de funcionamento.

2. Conceito de permutador de calor Terra-Ar

A temperatura de um corpo mostra uma lentidão para se adaptar à temperatura do seu ambiente, esta propriedade é descrita como a inércia térmica desse corpo, a inércia térmica de um objeto depende de muitos factores como a sua absorvência, condutividade térmica, calor específico, dimensões e outros factores.

Ou seja, à medida que as dimensões do objeto ou o calor específico aumentam, a sua inércia térmica aumenta. Esta propriedade é válida para todos os corpos, incluindo a própria Terra, e isso pode explicar o tempo necessário para que qualquer edifício atinja as condições de conforto dos ocupantes após o arranque do sistema de arrefecimento ou aquecimento.

A inércia térmica é o conceito básico da EAHE, devido ao enorme e relativamente elevado calor específico da terra, que é menos sensível às mudanças de temperatura. Foi provado que a uma certa profundidade sob a superfície do solo, a temperatura permanece constante ou com uma variação muito baixa ao longo do ano, esta temperatura é chamada de temperatura subterrânea não perturbada, a profundidade onde a temperatura subterrânea não perturbada pode ser encontrada pode variar entre locais, dependendo, mas não se limitando às propriedades térmicas e físicas do solo.

O EAHE é um tubo enterrado a uma certa profundidade sob a superfície do solo para utilizar a inércia térmica da terra para arrefecer ou aquecer o ar. No EAHE, o ar é forçado através de um tubo para trocar calor com o solo circundante, fazendo com que o ar ganhe ou perca calor com base na sua aplicação, as propriedades físicas e térmicas do tubo devem ser decididas com base na sua função. As propriedades físicas e térmicas do tubo devem ser decididas com base na sua função, que pode ser adaptar a temperatura do solo, alcançar a máxima troca de calor ou ter a mínima queda de pressão.

2.1 Estimativa da temperatura do subsolo

A importância da previsão da temperatura do subsolo advém da sua relação com o desempenho do EAHE e do efeito que tem na economia da utilização do sistema.

A temperatura do subsolo varia com a profundidade, o que torna o estudo do perfil de temperatura do solo muito importante para avaliar a aplicabilidade e a viabilidade da utilização do EAHE, este estudo deve ser efectuado especificamente num determinado local e nas condições ambientais relacionadas.

Os trabalhos de escavação associados à instalação do EAHE são a parte mais dispendiosa do processo, pelo que a profundidade deve ser cuidadosamente selecionada para manter o custo da construção dentro de um valor aceitável, tendo em conta a viabilidade financeira do projeto. Cada local tem uma distribuição de temperatura diferente de acordo com a temperatura ambiente, tipo de solo, teor de humidade e outros factores.

Como já foi referido, a uma profundidade suficiente, a temperatura do subsolo será estável ao longo de todo o ano, com um valor ligeiramente superior à temperatura média ambiente - temperatura do subsolo sem perturbações - e, para além dessa profundidade, a temperatura apresenta menos flutuações em relação à temperatura ambiente.

O principal fator que afecta a temperatura do subsolo é a difusividade do solo. Este valor depende da condutividade térmica do solo, da densidade do solo e da capacidade térmica do solo e pode ser expresso da seguinte forma

$$\alpha = \frac{\lambda_{soil}}{c_p \cdot \rho_{soil}} \ldots\ldots (m^2/s) \qquad (1)$$

Onde: α é a difusividade térmica (m^2/s), λ_{soil} é a condutividade térmica do solo (W/m.K), p é a densidade do solo (kg/m^3), C_p é a capacidade térmica específica (J/kg por K) [17].

As propriedades térmicas do solo dos Emirados Árabes Unidos foram examinadas através de testes laboratoriais e foram encontradas como 1516 kg/m^3 , 0,26 (W/m.K) e 1.270 (J/Kg.K) para a densidade do solo, condutividade térmica do solo e calor específico do solo, respetivamente. Por conseguinte, o solo

A difusividade térmica foi calculada e encontrada como sendo (0,000486) m^2/h; este valor é muito próximo do valor típico indicado para solo grosso que é $0.14 \times 10^{-6} \left(\frac{m^2}{s}\right)$

ou $0.000504 \left(\frac{m^2}{h}\right)$. [3], [17]

A temperatura do subsolo pode ser calculada através da teoria da transferência de calor por condução e da equação do balanço energético, que pode ser expressa pela seguinte fórmula:

$$T_{(z,t)} = T_m - A_s e^{-z\sqrt{\left(\frac{\pi}{8760\alpha}\right)}} \cos\left[2\frac{\pi}{8760} * \left(t - t_\circ - \frac{z}{2}\sqrt{\frac{8760}{\pi\alpha}}\right)\right] \qquad (2)$$

$T_{(z,t)}$ é a temperatura a uma determinada profundidade e tempo em C^0

T_m : É a temperatura média anual do ar Co

A_s : Amplitude do gráfico anual da temperatura da superfície

Z: profundidade em metros

a: Difusividade m^2 /h t: Tempo em horas para: A constante de fase que pode ser identificada

como o tempo da temperatura mínima da superfície no ano, nos EAU t° pode ser considerado

como 23rd de Jan.

$A_s = 1.1+A$, onde A é a amplitude da temperatura média diária ao longo do ano.

$$A = \frac{(\ \max mean\ daily\ temperature\ -\ \min mean\ daily\ temperature\ )}{2} \qquad (3)$$

A constante de fase depende do clima de cada local e pode ser considerada como 552 horas

para os Emirados Árabes Unidos.

2.2 *Cálculo da temperatura de saída do permutador de calor Terra-Ar*

O permutador de calor terra-ar é um dos permutadores de calor mais simples de conceber,

mas ao mesmo tempo é necessário ter em conta muitos factores de acordo com a aplicação.

Tipicamente, o caudal de ar na serpentina do condensador é 60% superior ao caudal de ar no lado do evaporador de qualquer sistema baseado em VCC, uma vez que o calor rejeitado no condensador é a adição do calor adicionado no evaporador e no compressor, este pressuposto é considerado na seleção do EAHE.

Como a velocidade do ar recomendada através de condutas e tubos externos para o caudal de ar calculado é (9-11) m/s [24]. Então, o diâmetro do tubo necessário pode ser obtido como

$$Air\ Flow = CSA * V_{air} \qquad (4)$$

$$Then,\ D = \sqrt{4 * \frac{CSA}{\pi}} \qquad (5)$$

As propriedades térmicas do ar podem ser obtidas a partir das tabelas de termodinâmica; devem ser tomadas à temperatura média do ar em massa ao longo do EAHE.

Como as propriedades térmicas do ar não são muito sensíveis às variações de temperatura da mina, então a temperatura do ar de saída do EAHE pode ser assumida no início, os cálculos podem ser corrigidos após a temperatura de saída do EAHE ser obtida usando dados de termodinâmica do ar com base no valor estimado, a mesma temperatura será usada para obter as propriedades térmicas do ar a partir de tabelas e através de dados de interpolação foram obtidos conforme a tabela abaixo:

Quadro 1 Propriedades térmicas do ar à temperatura média global (TMB)

T (K)	Cp (Kj/Kg.K)	μ (kg/m.s)	ρ (Kg/m³)	K (Kw/m.K)	Pr	v (m²/s) X 10^{-5}
300	1.0049	1.846	1.177	2.624	0.707	1.568
312	1.005572	1.904	1.13332	2.71616	0.711	1.68272
325	1.0063	1.962	1.086	2.816	0.716	1.807

$$Re = \frac{Vd}{v} \qquad (6)$$

De acordo com as fórmulas de Blasius para a perda de carga monofásica em canais e como 100.000<Re<3.000.000, o fator de atrito f pode ser calculado através da seguinte fórmula:

$$f = 0.0032 + \frac{0.221}{Re^{0.237}} \qquad (7)$$

Tipicamente, cada curva de 90° tem um comprimento equivalente de 1,2 m, no projeto proposto, são consideradas cinco curvas. Além disso, devem ser adicionados elevadores aos comprimentos equivalentes, que são de 4 m do lado do ventilador e 5 m do lado da unidade de condensação, tal como se mostra na figura 3 do modelo do EAHE,

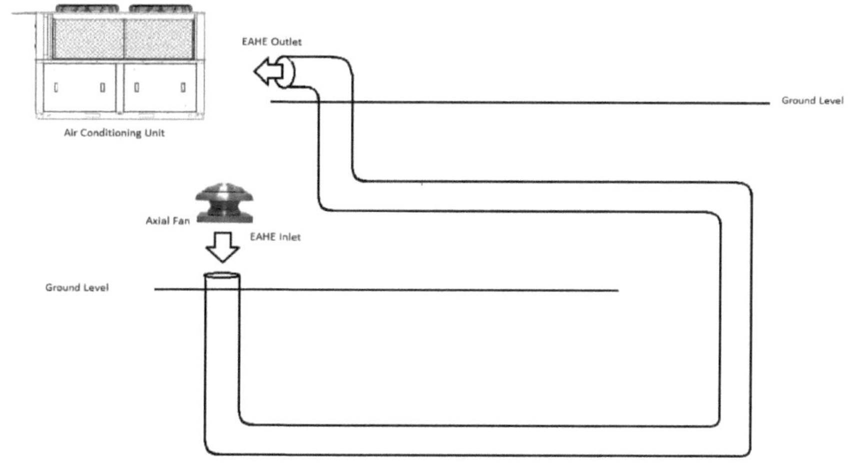

Figura 3 Modelo EAHE com unidade de condensação e ventilador axial

$$\Delta P_f = \frac{1}{2}\frac{f\rho V^2}{d_e} \quad (Pa/m) \tag{8}$$

$$\Delta P(total) = Equivalent\ length \times \Delta P_f \tag{9}$$

$$P(fan\ power) = \Delta P * Q/\eta \tag{10}$$

Where, ΔP is pressure drop in (Pa)

$$Q = Air\ Flow\ in\ (m^3/s) \tag{11}$$

η é a eficiência do sopro, cujo valor varia entre zero e 100%

A eficiência típica da ventoinha é de (80% - 90%), pelo que será considerada uma eficiência de 80%.

A partir dos cálculos e como o escoamento é considerado um escoamento turbulento totalmente desenvolvido, será utilizada a equação de Dittus-Boelter:

$$Nu = 0.23Re^{0.8} Pr^n \qquad (12)$$

n= 0.4 for T (wall) >T(fluid)

n=0.3 for T (wall) <T(fluid)

O coeficiente de transferência de calor por convecção h pode ser expresso da seguinte forma

$$h = \frac{Nu.K_{Air}}{D} \qquad (13)$$

Resistência da parede:

$$R_w = \frac{d_i}{2K_w} \ln\left(\frac{d_o}{d_i}\right) \qquad (14)$$

A resistência térmica devida à transferência de calor por convecção na superfície interna do tubo pode ser obtida como

$$R_c = \frac{1}{h.A_{in}} \qquad (15)$$

Em que A_{in} é a área da superfície interna do tubo e pode ser expressa como

$$A_{in} = 2\pi L r_{in} \qquad (16)$$

Resistência térmica do solo:

Assumindo um anel de solo igual a 2r, obtém-se uma resistência térmica do anel de solo igual

a

$$R_{soil} = \frac{\ln(^{2r}/_r)}{2\pi L K_{soil}} \qquad (17)$$

Resistência total:

$$R_{total} = R_w + R_c + R_{soil} \qquad (18)$$

O coeficiente global de transferência de calor U pode ser expresso como

$$U = \frac{1}{R_{total}} \qquad (19)$$

Como o ar pode ser considerado o fluido com o valor mais baixo (mC_p), o número de

unidades de transferência de calor (NTU) pode ser apresentado como

$$NTU = \frac{UA}{\dot{m}Cp_{Air}} \qquad (20)$$

$$C_r = \dot{m}Cp_{Air}/\dot{m}Cp_{Soil} \qquad (21)$$

C_r pode ser considerado igual a zero, uma vez que o seu valor é

negligenciável

A eficácia do permutador de calor £ pode ser expressa pela seguinte fórmula (22) para

permutadores de calor de fluxo cruzado com um fluido não misturado, esta fórmula só é válida

quando o valor de Cr é igual ou próximo de zero [1]

$$\varepsilon = 1 - e^{(UA/mCp)} \qquad (22)$$

Através do valor da eficácia, a temperatura de saída do EAHE pode ser calculada como:

$$T_{Out} = T_{ambient} - \varepsilon(T_{ambient} - T_{subso}) \qquad (23)$$

3. Descrição do modelo

No modelo proposto, o ar ambiente é forçado por um ventilador axial através de um EAHE enterrado a uma certa profundidade, o EAHE utiliza a baixa temperatura do subsolo e as propriedades térmicas do solo para reduzir a temperatura do ar. Depois, o ar arrefecido é utilizado para arrefecer a serpentina do condensador de um sistema de arrefecimento por compressão de vapor para melhorar o seu coeficiente de desempenho.

Pressupostos:

1.   As propriedades térmicas do solo são isentrópicas à volta do tubo.

2.   O tubo ao longo da sua distância é uniforme com propriedades térmicas e geometria constantes.

3.   A EAHE encontra-se em condições de equilíbrio com a sua envolvente.

4.   A unidade de ar condicionado funciona com um fator de carga de 50% nos Emirados Árabes Unidos durante todo o ano.

5.   O preço da cletricidade é de 0,38 AED/KWh, uma vez que a carga da vivenda se enquadra no escalão 3rd da estrutura de preços da tarifa dos serviços públicos.

Para estimar o efeito da utilização do EAHE no desempenho do sistema de arrefecimento por compressão de vapor (VCC), foi selecionado como estudo de caso um projeto de uma vivenda de quatro quartos localizada no Dubai, com uma área total de 360m^2 e uma carga de arrefecimento total de 63,6 Kw, conforme apresentado na tabela 2.

O caudal de ar é o principal fator que afectará a seleção e o dimensionamento do EAHE, para

o projeto de amostra o caudal de ar total necessário é de 3990,6 L/s ou 7.500 CFM, o sistema

de arrefecimento concebido para esta vivenda é um sistema de divisão multi-portas em que o

sistema consiste numa unidade de condensação e 10 unidades ventilo-convectoras interiores.

Quadro 2 Exemplo de programa de carga de arrefecimento do projeto

REF	Área de serviço	QUANTIDADE	Carga térmica		Fluxo de ar (L/S)	Área (m)^2
			T.Kw	S. Kw		
Vl-Gl	MAIDRM	1	2.9	2.3	144.7	16
Vl-G2	CONVIDADO RM	1	8.2	6.2	434.0	44
Vl-G3	SALA DE JANTAR E SALA DE ESTAR	1	11.1	8.6	542.5	60
Vl-G4	COZINHA	1	3.8	2.9	226.0	20
Vl-G5	GINÁSIO	1	7.3	5.6	415.9	40
Vl-Fl	QUARTO PRINCIPAL	1	10.0	8.5	542.5	60
Vl-F2	VIVER RM	1	4.4	3.8	271.2	30
Vl-F3	BEDRM	1	5.3	4.4	271.2	30
Vl-F4	BEDRM	1	5.3	4.4	271.2	30
Vl-F5	BEDRM	1	5.3	4.4	271.2	30
Total		10	63.6	51.1	3390.6	360

O layout do projeto é mostrado na figura 4, como apresentado no layout do projeto, o projeto

de amostra é uma moradia de dois andares que inclui um quarto principal, três quartos, sala de estar, quarto de hóspedes, quarto de empregada, sala de jantar, ginásio e área de serviço.

Figura 4: modelos de moradias

O clima dos Emirados Árabes Unidos é subtropical-árido. Assim, permanece quente e húmido no verão e quente no inverno. O verão começa em maio e prolonga-se até setembro com um clima extremamente quente e húmido, a temperatura máxima média em julho e agosto atinge mais de 46^0 C, o que torna essencial o ar condicionado em todos os edifícios e faz com que qualquer melhoria na eficiência do sistema resulte numa poupança significativa de energia.

Além disso, como a temperatura média diária mínima no inverno do Dubai é de cerca de 19^0 C. Assim, o aquecimento não é necessário na maior parte das zonas urbanas do Dubai, uma vez que a temperatura de base do aquecimento é de (19-21)0C. [22]

A Tabela 3 representa os dados de temperatura medidos no Dubai em 2013; utilizando estes dados, os cálculos da temperatura do subsolo serão efectuados a diferentes profundidades, a fim de selecionar a melhor profundidade para que o EAHE atinja a temperatura necessária.

Quadro 3 Dados sobre a temperatura no Dubai em 2013 [25]

Temperatura	Jan	Fev	Mar	abril	maio	Jun	Jul	agosto	setembro	outubro	Nov	Dez	Anual
Média Máx. (C)°	24.2	25	29	34	39	41.1	41.8	41.1	39.6	35.8	30.9	26	34
Média diária (C)°	18.3	19.2	22.5	27	31.3	33.6	35.1	34.6	32.3	28.6	23.8	20	27.2
Média Mínima (C)°	12.4	13.3	16.1	19.5	23.3	25.8	28.1	28.3	17.2	21.6	17.2	14.1	20.4

4. Estimativa do efeito da redução da temperatura do líquido de arrefecimento no COP do ciclo de compressão de vapor

A utilização do sistema EAHE para o arrefecimento de edifícios em climas quentes não é viável e não pode ser considerada uma solução prática; a razão subjacente a este facto pode ser referida à temperatura de saída relativamente elevada deste sistema, que dificilmente atingirá a temperatura de arrefecimento dos espaços necessária para proporcionar conforto humano.

Os sistemas de arrefecimento por compressão de vapor são os mais utilizados no arrefecimento de edifícios nos Emirados Árabes Unidos, não só devido à sua elevada eficiência, mas também devido à sua capacidade de proporcionar condições confortáveis aos ocupantes.

A maioria dos sistemas de ar condicionado modernos baseia-se no ciclo de compressão de vapor devido a muitas razões, como a disponibilidade, a facilidade de conceção e o elevado rácio de eficiência energética que o VCC pode atingir. A equação abaixo baseia-se no ciclo teórico de Carnot e não pode ser utilizada para estimar o COP do ciclo de compressão de vapor real, uma vez que a variação entre os valores pode ser significativa.

$$COP_{Ideal\ (cooling)} = \frac{T_{evaporator}}{T_{condenser} - T_{evaporator}} \qquad (24)$$

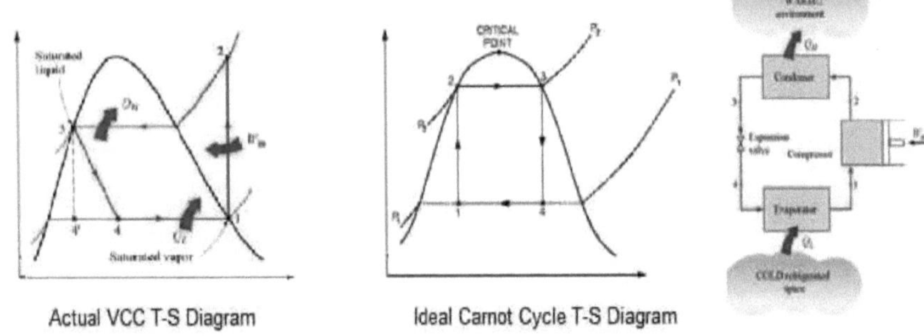

Figura 5 Diagramas T-S para a CCV real e o ciclo de Carnot

A Figura 5 mostra o ciclo de Camot e o VCC real, as diferenças entre os ciclos podem ser referidas à irreversibilidade da transferência de calor entre o refrigerante e as regiões frias ou quentes. Além disso, outra razão poderia justificar a variação do COP, que é o facto de ser impossível para o refrigerante nas bobinas do evaporador e do condensador atingir a temperatura do meio à sua volta.

Além disso, os processos de compressão e expansão no ciclo real não são isentrópicos, pelo que o COP do ciclo real não pode ser obtido através da fórmula COP do ciclo de Carnot.

O COP de arrefecimento real para o sistema VCC com base em R22 pode ser obtido pela seguinte fórmula, que é obtida a partir de dados estatísticos utilizando uma equação polinomial. [15]

$$COP_{Actual\ (cooling)} = 9.459 - 0.3323\ T^{0.7654} \qquad (25)$$

(T é a temperatura do líquido de arrefecimento do condensador em C)^{0}

Um dos principais factores para selecionar o refrigerante é o potencial de destruição do ozono (ODP), o R-22 tem um ODP relativamente elevado enquanto o ODP do R-410A é zero. Consequentemente, é necessário utilizar o fator de correção de acordo com a tabela abaixo quando se utiliza a fórmula anterior para estimar o COP do refrigerante R-410 A. Este fator de correção varia com a temperatura do refrigerante do condensador, como se mostra na figura 6. [15]

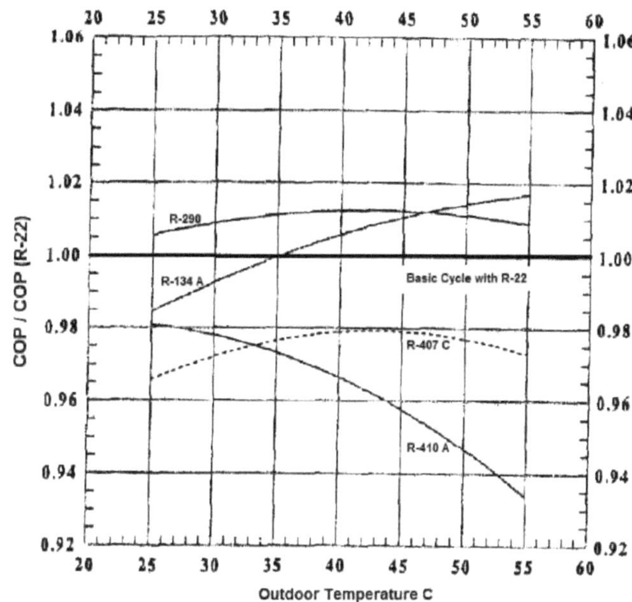

Figure 6 COP referenced to R-22 Sytem COP (Yana Motta and Domanski, 2000)

Os valores de COP acima indicados representam o COP da unidade de ar condicionado e não representam o COP do sistema completo, uma vez que, quando o EAHE é adicionado ao sistema, o ventilador axial do EAHE consome energia adicional. Nesse caso, os valores de COP têm de ser corrigidos.

5. Validação por simulação

Como a fórmula utilizada para calcular o COP foi baseada em dados estatísticos, foi utilizado um software de simulação para validar os resultados. O software escolhido foi o programa de conceção de ciclos de compressão de vapor (NIST) Cycle_D 5.0, desenvolvido pelo Instituto Nacional de Normas e Tecnologias dos EUA; o Cycle_D tem a opção de testar o COP do ciclo de compressão de vapor a diferentes temperaturas do condensador.

Uma das principais vantagens deste software é a possibilidade de introduzir manualmente os dados de potência do ventilador do condensador e calcular o COP total do sistema. Além disso, este software oferece ao utilizador a possibilidade de adicionar todos os componentes para simular o ciclo básico de refrigeração com diferentes tipos de refrigerantes, tanto compostos simples como o R-22 ou misturas como o R410A.

A Figura 7 mostra o comportamento do VCC arrefecido a ar a diferentes temperaturas do refrigerante do condensador obtidas a partir do software de simulação Cycle_D. O gráfico mostra claramente que a diferença de entalpia aumenta com a diminuição da temperatura do ar do condensador utilizando o EAHE. O trabalho do compressor e a capacidade do evaporador ou do condensador podem ser expressos pelas seguintes fórmulas (26 - 28):

$$W_{compressor} = \dot{m}_{refrigarent} \cdot \Delta h_{compressor} \qquad (26)$$

$$C_{evaporator} = \dot{m}_{refrigarent} \cdot \Delta h_{evaporator} \qquad (27)$$

$$C_{condenser} = \dot{m}_{refrigarent} \cdot \Delta h_{condenser} \qquad (28)$$

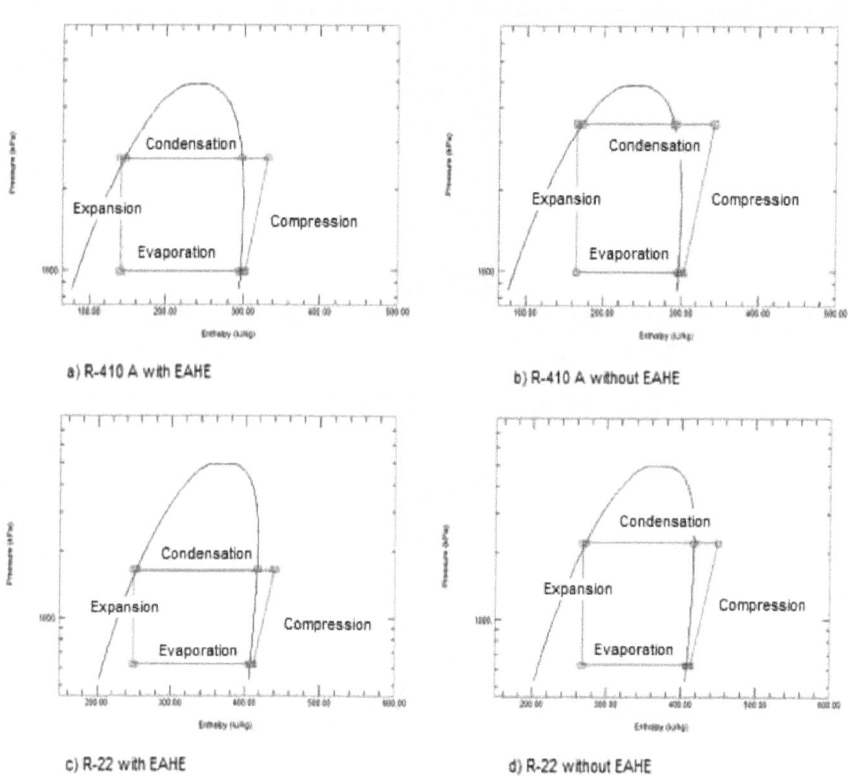

Figura 7 Diagramas de entalpia-pressão para VCC com diferentes temperaturas do condensador

De acordo com a figura 7 e com as fórmulas acima, pode concluir-se que, quando o VCC de arrefecimento funciona a uma temperatura elevada do condensador - (figuras b e d) - será necessário mais trabalho para o compressor, ao mesmo tempo que o ciclo terá menos capacidade de arrefecimento. Assim, a eficiência energética do sistema cairá com o aumento

da temperatura do condensador.

26

6.   Resultados e discussão

6.1. Análise técnica

A temperatura do subsolo de Dubai foi calculada através da equação do balanço energético, como mostra a tabela 4 a temperatura do subsolo varia com a profundidade e tem o seu menor valor a 2m de profundidade; este resultado foi obtido no dia 9th de julho, que é o dia mais quente do ano.

Tabela 4 Temperatura média do subsolo em (^{0} C) em diferentes profundidades e meses

	Jan	Fev	Mar	abril	maio	Jun	Jul	agosto	setembro	outubro	Nov	Dez
T (Subsolo) 0,5m	22.36	21.09	21.42	23.26	26.12	29.27	31.88	33.26	33.07	31.35	28.54	25.39
T (Subsolo) 1.0m	25.37	23.84	23.18	23.58	24.91	26.84	28.87	30.46	31.20	30.90	29.63	27.73
T (Subsolo) 1,5m	27.09	25.81	24.90	24.58	24.95	25.90	27.20	28.49	29.45	29.82	29.51	28.59
T (Subsolo) 2.0m	27.85	26.98	26.18	25.64	25.50	25.82	26.49	27.35	28.17	28.73	28.90	28.63
T (Subsolo) 3.0m	27.88	27.68	27.35	26.98	26.67	26.50	26.51	26.70	27.02	27.39	27.71	27.89
T (Subsolo) 4.0m	27.46	27.51	27.47	27.36	27.21	27.06	**26.94**	26.89	26.93	27.03	27.17	27.33
T (Subsolo) 5.0m	27.22	27.28	27.32	27.33	27.30	27.25	27.18	27.12	27.08	27.07	27.10	27.15
T(Subsolo) 6.0m	27.17	27.19	27.22	27.24	27.25	27.25	27.24	27.21	27.18	27.16	27.15	27.15
Temp. média do ar	18.30	19.20	22.50	27.00	31.30	33.60	35.10	34.60	32.30	28.60	23.80	20.00

Além disso, também mostra a temperatura do subsolo em diferentes alturas do ano, normalmente a temperatura média anual do subsolo é ligeiramente superior à temperatura ambiente média anual e tem um desfasamento de 30-45 dias.

A partir da figura 8 podemos ver que a uma profundidade suficiente sob a superfície do solo a temperatura do subsolo mostra mais estabilidade e variações muito ligeiras durante o ano em torno da temperatura média anual do ar, o que foi conseguido a 4m de profundidade para

a região testada.

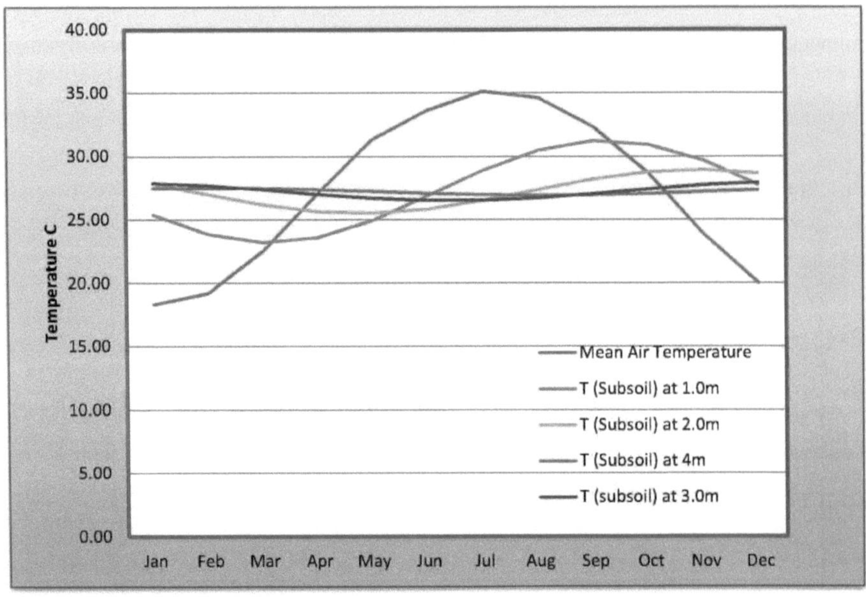

Figura 8 Variações da temperatura do subsolo ao longo do ano a diferentes profundidades

A profundidade selecionada foi de 4 m, uma vez que a esta profundidade a temperatura mostra

uma maior estabilidade durante o ano em torno do valor calculado de $26,94^0$ C, que está

próximo da temperatura ambiente média anual no Dubai.

O valor calculado da temperatura do subsolo de Dubai foi utilizado para estimar a temperatura

de saída do EAHE, uma vez que o EAHE é afetado pelo comprimento do tubo, foram

estudados diferentes comprimentos de tubo, utilizando cálculos de transferência de calor em

estado estacionário, a temperatura de saída do EAHE com diferentes comprimentos de tubo foi calculada e encontrada de acordo com a tabela abaixo (5).

Tabela 5 Temperatura de saída para diferentes comprimentos de EAHE

Comprimento do tubo (m)	Temperatura de saída da tubagem (C)°	Queda de pressão total (Pa)	Potência (W)
10	44.45	17.5	123.92
15	42.86	22.97	162.65
20	41	28.44	201.38
25	39.06	33.91	240.1
30	37.07	39.38	278.83
35	35.42	44.8	317.56
40	33.86	50.23	356.29
45	32.52	55.79	395.01
50	31.37	61.29	433.74
55	30.42	66.74	472.47
60	29.659	72.21	511.19
65	29.042	77.68	549.92
70	28.55	83.151	588.65

A partir da tabela 5, é óbvio que, à medida que o comprimento do tubo aumenta, a temperatura de saída aproxima-se da temperatura do subsolo, uma vez que a eficácia do EAHE aumenta com o comprimento, após um certo comprimento a variação da temperatura com o aumento do comprimento do tubo torna-se insignificante. Por conseguinte, neste estudo foi selecionado um comprimento de tubo de 55 m.

O valor calculado da eficácia do EAHE de 55m (ε) foi de 0,818 utilizando a fórmula indicada

na secção anterior, devido à importância deste valor e ao efeito que cria na temperatura de

saída do EAHE, foi obtido através de gráficos NTU para validar o resultado e encontrado

equivalente, como mostra a figura 9, uma vez que o EAHE pode ser simulado como

permutador de calor de fluxo cruzado.

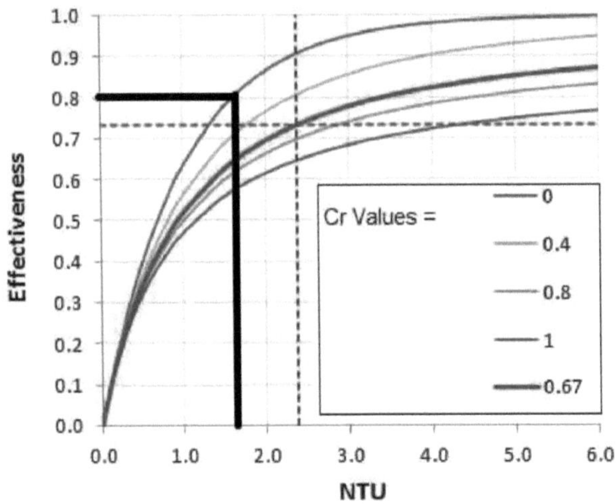

Figura 9 Eficácia do permutador de calor de fluxo cruzado - gráficos NTU [26]

A figura 10 mostra a relação entre o comprimento do EAHE e a sua temperatura de saída, a

queda de pressão e a potência do ventilador, como mostra a figura 10C um declive acentuado

a partir de 10m e até 55m.

Tendo em conta a economia do projeto, e tal como comprovado na análise de viabilidade, foi

selecionado um comprimento de tubo de 55m, uma vez que representa a melhor opção económica entre muitos outros comprimentos testados. Na mesma figura (10a & 10b)

podemos ver o aumento da queda de pressão e da potência de entrada do ventilador com o

aumento do comprimento do tubo. Assim, deve ser selecionado o menor comprimento de

EAHE que forneça a temperatura de saída necessária, de modo a atingir os objectivos técnicos

e financeiros do projeto.

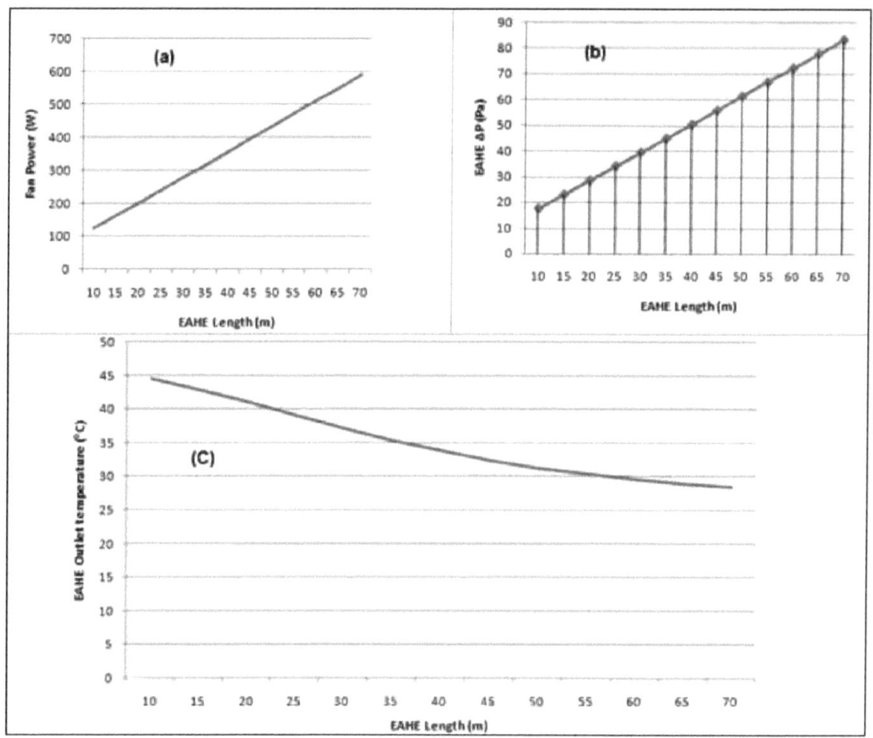

Figura 10: variação dos parâmetros da EAHE em função do seu comprimento

Foram testados os valores COP de dois refrigerantes diferentes e a duas temperaturas

diferentes do refrigerante do condensador. Ao examinar os valores COP, foram utilizados

métodos numéricos e de simulação e os resultados são apresentados na tabela 6.

Refrigerante	Comprimento da EAHE	Temperatura de entrada do condensador C°	Calculado COP(sistema)	Simulação COP(sistema)	Desvio
R-22	-	46.00	3.23	3.38	0.04
	55 m	30.42	4.75	4.77	0.01
R-410A	-	46.00	4.70	2.92	-0.38
	55 m	30.42	4.63	4.46	-0.04

A partir dos dados apresentados na tabela acima, é evidente que o ciclo de compressão de vapor é altamente sensível à temperatura do refrigerante do condensador, uma vez que o COP do sistema aumentou drasticamente com a adição do EAHE, que diminuiu a temperatura do refrigerante do condensador.

Dado que os diferentes fluidos frigorigéneos têm propriedades diferentes, o R-22 mostrou uma melhor eficiência em comparação com o R410a, não só a uma temperatura ambiente elevada, mas também a uma temperatura reduzida do ar.

Além disso, os resultados mostraram que a eficiência do refrigerante R410a é mais sensível à temperatura elevada do refrigerante do condensador, uma vez que o COP no caso do R410a diminuiu drasticamente quando foi testado em condições ambientais elevadas sem utilizar o EAHE.

O aumento do COP de ambos os casos de refrigerante através da utilização do EAHE foi significativo e provou a eficácia da utilização do EAHE para reduzir a potência de arrefecimento dos edifícios residenciais dos EAU, uma vez que o COP aumentou 49% no caso do R410a e 47% no caso do R22.

Além disso, os resultados foram validados com um modelo de simulação utilizando o software de simulação Cycle_D e mostraram uma boa concordância, o desvio entre os resultados calculados e simulados situou-se no intervalo de (1% - 5%). Além disso, deve ser indicado que a potência do ventilador EAHE foi incluída nos cálculos, uma vez que o COP da unidade foi corrigido adicionando a potência do ventilador. Por conseguinte, os valores da tabela representam o COP do sistema completo e, na simulação, a potência do ventilador do EAHE também foi tida em consideração.

Os valores de COP foram obtidos para o sistema de arrefecimento R-22 com e sem EAHE e foram de 4,75 e 3,23 respetivamente, os factores de correção que foram utilizados para obter o COP do ciclo R 410a foram 0,955 a 46^0 C e 0,975 a $30,42^o$ C e os valores de COP foram 4,63 com EAHE e 3,09 sem ele.

6.2. Análise financeira simples

Na tabela (7) é apresentado o custo de cada atividade associada ao processo de instalação do EAHE. Este custo é estimado de acordo com o mercado dos Emirados Árabes Unidos para avaliar as despesas de capital necessárias ao projeto e, em seguida, calcular o período de retorno do investimento e avaliar a viabilidade do projeto.

Quadro 7 Custos associados à instalação da EAHE

Comprimento da EAHE	Item	Custo (AED)	Quantidade	Custo AED
55	Escavação (AED/m3)	50	220	11000
	Enchimento (AED/m3)	25	220	5500
	Instalação (AED/m)	110	64	7040
	Ventilador axial (AED/Unidade)	3000	1	3000
	Instalação do ventilador (AED/Unidade)	300	1	300
CAPEX total (AED)				26,840

Foi realizada uma análise financeira simples para o projeto, que mostrou resultados interessantes: o período de retorno do sistema situou-se entre dois e três anos nos dois casos de estudo com os refrigerantes R-22 e R410a.

Os resultados estimados são impressionantes, tendo em conta o custo de capital necessário e o tempo de vida útil deste tipo de permutadores de calor, uma vez que a vida útil dos EAHE é consideravelmente longa, com custos de manutenção e de funcionamento muito baixos.

O fluxo de caixa total após três anos foi estimado em 6 350 AED com o R-22 VCC e 9 301 AED com a unidade R 410a VCC, considerando o valor atual líquido, o montante será de 3 293 AED e 5 973 AED para o R-22 e o R410a, respetivamente, como se mostra na tabela (8).

Quadro 8 Cálculos de custo e viabilidade

Viabilidade da utilização do EAHE com o sistema de ar condicionado R-22			
Ano	Fluxo de caixa líquido	DF @5%	Valor atual

Ano	Fluxo de caixa líquido	DF @5%	Valor atual
0	-26840	1	-26840
1	11063.60	0.952831	10541.74
2	11063.60	0.907029	10035.01
3	11063.60	0.863838	9557.16
Fluxo de caixa total	**6350.80**	**VAL**	**3293.91**
PBP		**2.43**	**Anos**

Viabilidade da utilização da EAHE com 41		**Sistema IOa AC**	
Ano	**Fluxo de caixa líquido**	**DF @5%**	**Valor atual**
0	-26840	1	-26840
1	12047.28	0.952831	11479.02
2	12047.28	0.907029	10927.23
3	12047.28	0.863838	10406.90
Fluxo de caixa total	**9301.83**	**VAL**	**5973.15**
PBP		**2.23**	**Anos**

Os cálculos do período de retorno foram repetidos para diferentes comprimentos de EAHE e mostraram o melhor resultado com 55m de comprimento, como na figura 11. Por conseguinte, este comprimento foi selecionado

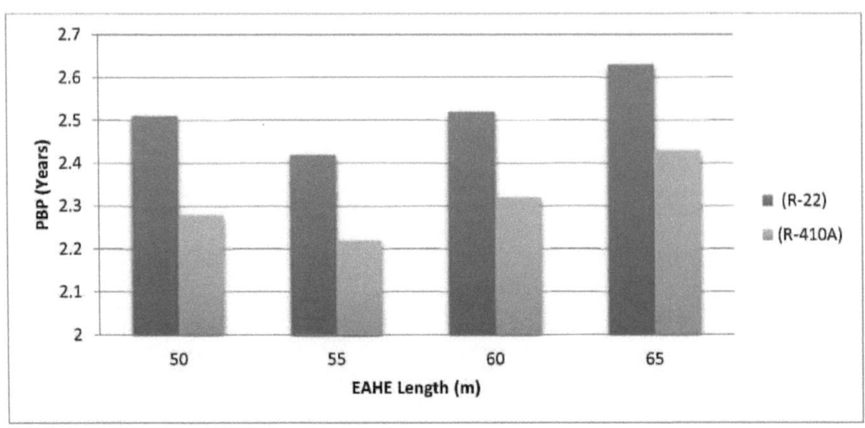

Figura 11 PBP da EAHE com diferentes comprimentos

6.3. Melhoria possível da unidade de tratamento de ar fresco

Uma vez que os trabalhos de escavação e aterro são necessários para instalar o EAHE com o objetivo principal do projeto de aumentar o COP do sistema de arrefecimento, pode ser instalado ao mesmo tempo outro tubo de menor dimensão para o fornecimento de ar fresco.

A figura 12 mostra um diagrama esquemático da unidade de tratamento de ar fresco. O primeiro, na parte A, representa a unidade de tratamento de ar fresco construída com um tubo de calor em ferradura para (pré-aquecimento / reaquecimento) e uma serpentina de arrefecimento de um sistema de arrefecimento por compressão de vapor de expansão direta.

Na parte B) da figura, a construção das unidades de tratamento de ar fresco permaneceu a mesma, mas com a consideração de outra fase de pré-arrefecimento utilizando EAHE.

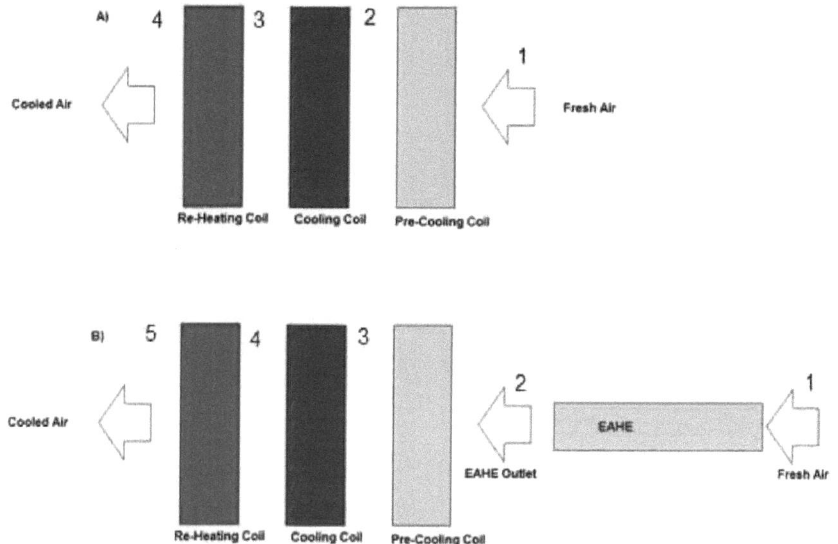

Figura 12 Esquema da unidade de tratamento de ar fresco A) sem utilizar o EAHE B) com o EAHE

A tabela abaixo mostra todos os parâmetros do processo em todos os pontos, de acordo com a figura acima, a carga da serpentina pode ser obtida calculando a perda de energia do ar através da serpentina de arrefecimento e pode ser representada pela seguinte fórmula.

$$Q° = m°(h_2 - h_1) \qquad (29)$$

Quadro 9 Cálculos da FAHU

Parte A) FAHU sem EAHE						
Ponto	Localização	Caudal de ar (L/S)	DB C⁰	WB C⁰	RH %	H (KJ/Kg)	DP C⁰
1	Ar fresco	353	46	29.4	30	95.98	24.3
2	Após pré-arrefecimento	353	33	26.5	60.2	82.46	24.3
3	Saída da serpentina de	353	12	12	100	34.1	12

| 4 | Após reaquecimento | 353 | 24 | 16.6 | 47 | 46.37 | 12 |

Parte B) FAHU com EAHE							
Ponto	Localização	Caudal de ar (L/S)	DB C^0	WB C^0	RH %	H (KJ/Kg)	DP 0C
1	Ar fresco	353	46	29.4	30	95.98	24.3
2	EAHE Outlet	353	27.5	25.1	82.5	76.74	24.3
3	Após pré-arrefecimento	353	20	20	100	57.47	20
4	Saída da serpentina de arrefecimento	353	12	12	100	34.1	12
5	Após reaquecimento	353	24	16.6	47	46.37	12

Para avaliar a poupança de energia e a viabilidade desta técnica, serão considerados os seguintes pressupostos:

1. O COP da FAHU é de 2,0 para os dois casos.

2. O fator de carga anual da FAHU é de 50%.

3. Não será considerada qualquer escavação ou aterro na viabilidade, uma vez que será utilizada a mesma vala utilizada para o EAHE principal.

4. A taxa de eletricidade é de 0,38 AED/KWh, uma vez que a carga da vivenda se enquadra na fase 3rd do esquema tarifário dos serviços públicos.

A Tabela 10 mostra os benefícios da utilização desta técnica no consumo de energia e no custo operacional.

Parâmetros FAHU	Sem utilizar a EAHE	Utilização da EAHE	Diferença
Carga da bobina (KW)	19.00	9.18	9.82
Potência de entrada (KW)	9.50	4.59	4.91
Potência do sistema (KW)	9.5	4.74	4.76
Consumo de energia (KWh)	41040	20489.36	20550.64
Custo anual da eletricidade AED	15595.2	7785.96	7809.24

Na tabela 11 são apresentadas as despesas de capital para instalar o sub-EAHE, podemos ver que o custo de capital para este EAHE é de cerca de 4.500 AED, utilizando a poupança anual esperada apresentada na tabela 10, podemos ver que o período de retorno desta técnica não excederá 6 meses.

Quadro 11 cálculos de custo e viabilidade

Comprimento da EAHE	Item	Custo (AEDZUnit)	Quantidade	Custo AED
55	Instalação (AED/m)	50	64	3200
	Ventilador axial	1000	1	1000
	Instalação do ventilador	300	1	300
CAPEX total (AED)				4500

6.4 Energia e ambiente

Para avaliar os benefícios energéticos e ambientais da utilização do EAHE, é necessário ter em conta a eficiência técnica total, tal como se indica a seguir:

$$\eta_T = \eta_{EX} \times \eta_{D-EX} \times \eta_C \times \eta_D \times \eta_E$$

η_T *technical effeciency*

η_{EX} *fuel extraction effeciency*

η_{D-EX} *distribution of extracted fule to the conversion plant*

η_C *Energy conversion effeciency*

η_D *Distribution effeceincy*

η_E *End user effeceincy*

Tipicamente, a eficiência técnica é considerada tão baixa como 9%, utilizando este valor, a poupança total anual de energia foi considerada como sendo de cerca de 1,0 TJ, o que é quase equivalente a uma redução de 60 toneladas de emissões de CO2 por ano.

6.5 *Análise de incerteza*

Existe algum tipo de incerteza associada à estimativa da temperatura do subsolo dos EAU devido à variação das propriedades térmicas do solo e do teor de humidade com a localização.

Como muitos estudos anteriores provaram que a temperatura do subsolo a 2-4 m de profundidade será quase constante ao longo do ano e o valor dessa temperatura está próximo da temperatura média ambiente anual, podemos considerar que a incerteza associada ao cálculo da temperatura do subsolo é muito baixa, uma vez que o resultado do projeto se situou no mesmo intervalo relatado.

A temperatura do subsolo nos Emirados Árabes Unidos foi de 26,9⁰ C, o que está de acordo com investigações anteriores em áreas e condições climatéricas semelhantes. Para além disso, está de acordo com os resultados obtidos para a temperatura do subsolo, a temperatura obtida mostra um bom potencial para utilizar as propriedades térmicas da terra para fins de poupança de energia. [2, 3&5]

Na análise de transferência de calor do EAHE, o estudo não considerou a mudança na temperatura do subsolo resultante do calor rejeitado pelo EAHE algum tempo após a operação. Isto pode aumentar ligeiramente a temperatura do subsolo à volta do tubo. Este efeito é menor e não afecta os resultados do estudo e pode ser negligenciado. [13].

Na estimativa do COP, a precisão foi relativamente mais baixa do que nas outras duas partes do projeto, uma vez que os valores do COP foram obtidos com base numa função polinomial da temperatura exterior, utilizando a análise estatística. Para validar os resultados, foi utilizado um software de simulação. Os resultados da simulação foram muito próximos dos calculados, com um desvio de (1% a 5%). Por conseguinte, os resultados podem ser considerados exactos e fiáveis.

7. Conclusão e recomendações

A temperatura do subsolo dos Emirados Árabes Unidos foi de 26,94 no dia mais quente do ano - (9 de julho), usando a temperatura do subsolo, o desempenho do EAHE foi examinado em diferentes comprimentos e $28,7^0$ C temperatura mínima de saída foi obtida com 70m de comprimento de tubo, com 55m de comprimento de EAHE 30,420C temperatura de saída foi obtida.

A temperatura de saída do EAHE nos Emirados Árabes Unidos era muito elevada para ser utilizada no arrefecimento de edifícios, mas pode ser utilizada para reduzir o consumo de energia de arrefecimento através de diferentes técnicas.

A utilização do permutador de calor terra-ar para melhorar o COP do sistema de arrefecimento por compressão de vapor demonstrou uma elevada eficácia; o aumento do COP foi de cerca de 50% tanto para o R-22 como para o R410a. No entanto, o refrigerante R410a mostrou maior sensibilidade para a temperatura do refrigerante do condensador. Os valores calculados foram validados com o modelo de simulação Cycle_D e mostraram uma boa concordância, uma vez que o desvio não excedeu 5% no pior caso.

Através da realização de análises financeiras e de custos, verificou-se que este sistema é viável e recomendado para o arrefecimento de edifícios residenciais de pequena e média dimensão nos Emirados Árabes Unidos e em áreas semelhantes. O período de retorno do investimento para o EAHE foi de cerca de dois anos, enquanto o tempo de vida esperado é de cerca de dez anos, o que o torna um investimento atrativo.

Uma vez que o estudo revelou resultados positivos, recomenda-se aos futuros investigadores interessados nesta área que estudem experimentalmente o seu comportamento durante uma época completa.

A variação da temperatura do ar é contínua e ter o EAHE ligado ao sistema principal de compressão de vapor de arrefecimento pode reduzir o número de vezes que o compressor pára e arranca, uma vez que a temperatura do condensador é mais estável. Além disso, a elevada necessidade de corrente de arranque pode ser reduzida e resultar numa maior poupança de energia.

8. Referências:

1.   (Harms T. M., Braun J. E., e Groll E. A., 2002 "The Impact OfModeling Complexity And Two-Phase Flow Parameters On The Accuracy Of System Modeling For Unitary Air Conditioners", International Refrigeration and Air Conditioning Conference. Documento 569

2.   Abdelkrim.Sehli, Abdelhafid.Hasni, Mohammed.Tamali, (2012) Energy Procedia, The potential of earth-air heat exchangers for low energy cooling of buildings in SouthAlgeria, 18 (2012) 496-506.

3.   Bahaa Al-Nima, (2011) The British university in Dubai, Energy Performance of Earth Sheltered Spaces in Hot-Arid Regions, 40-60.

4.   C. P. JACOVIDES,G. MIHALAKAKOU,t M.SANTAMOURIS e J. 0. LEWIS, (1997) Pergamon, ON THE GROUND TEMPERATURE PROFILE FOR PASSIVE COOLING PPLICATIONS IN BUILDINGS, SOO38-092X (96) 00072-2,181-190

5.   F.Al-Ajmi,D.L.Loveday, V.I.Handby, (2006) building and environment, The cooling potential of earth- air heat exchangers for domestic buildings in a desert climate, 41 (2006) 235-244.

6.   G. MIHALAKAKOU, M. SANTAMOURIS, J. O.LEWIS e D. N. ASIMAKOPOULOS, (1996) Pergamon, On the application of the energy balance equation to predict ground temperature profiles, S0038- 092X(97)00012-1, 167-175

7.   Georgios Florides, SoterisKalogirou, (2007) Elsevier, Ground heat exchangers - A review of systems models and applications, 32 (2007) 24612478.

8.   Hijun Wu, Shengwei Wang, D. Zhu, (2007) Elsevier, Modeling and evaluation of cooling capacity of earth - air-pipe systems, 48 (2007) 14621471.

9.   Jens Pfafferott, Energy and Buildings, Evaluation of earth-to-air heat exchangers with a standardised method to calculate energy efficiency, 35 (2003), 971-983.

10.   Kusuda T, Bean W. Variação anual do campo de temperatura e da transferência de calor sob uma superfície de solo aquecida, cálculo da perda de calor em pavimentos de laje. Building Science Series 156. Gaithersburg, MD, EUA: National Bureau of Standards, 1983.\

11.   Labs K, Harrington K. A comparison of ground and above-ground climates for identifying appropriate cooling strategies. Passive SolarJournal 1982; 1: 4/11.

12.   MorelandFL, Higgs F, Shih J, editores. Edifícios cobertos de terra. Proceedings of Conference on ground-coupled buildings. Fort Worth, TX, EUA: Departamento de Energia, 1980.

13.   OndenOzenger, LeylaOzenger, Jefferson.W, (2013) international journal for heat and mass transfer, A practical approach to predict soil temperature variations for geothermal (ground) heat exchangers applications,, 62(2013), 473-480

14   RecepYumarutas, Mehmet Kunduz, Mehmet Kanoglu, (2002) Exergy an International

Journal, Exergy analysis of vapor compression refrigeration system, 2 (2002) 266-272.

15   . S. Yana Motta, Piotr A. Domanski, Impact of elevated ambient temperature on capacity and energy input to a vapor compression system - literature review, NIST, Gaithersburg, MD 20899 USA.

16   VahidVakiloroaya, BijanSamali, KambizPishghadam. (2014) ELSEVIER- Energy and Buildings Um estudo comparativo sobre o efeito de diferentes estratégias para a poupança de energia do sistema de ar condicionado de compressão de vapor arrefecido a ar, 74 (2014) 163-172.

17   . VI Hanby, DL Loveday, F Al-Ajmi,(2005) Building Serv. Eng. Res. Technol, The optimal design for a ground cooling tube in a hot, arid climate, 26,1 (2005).

18   . Woodson Thomas, CoulibalyYezouma, Trare Eric Seyoda, (2012) Construction in Developing Countries Journal, Earth - air Heat exchangers for passive air conditioning: case study Burkina Faso. 2012 17(1):21-33

19   .Khalid Al-Joudi, Qusay Rasheed Al-Amir (2014), Journal of Engineering, Avaliação do desempenho do sistema de ar condicionado de pequena escala usando R22 e refrigerantes alternativos. Volume 20 de janeiro de 2014.

20   . W. Vance Payne e Piotr A. Domanski, (2006), National Institute of Standards and Technology-USA, A Comparison of an R22 and an R410A Air Conditioner Operatingat High Ambient Temperatures.

21   . Scott Martin, (2012) Conferência técnica da Rocky Mountain ASHRAE, Utilização de energia em sistemas de refrigeração.

22   .Governo do Dubai, Aeroporto do Dubai [em linha] disponível em (http s : //services. dubaiairports.ae/dubaimet/MET/Climate. aspx), [20 de março de 2015].

23   Dubai Government, Dubai Electricity and Water Authority [em linha] disponível em (http://www.dewa.gov.ae/aboutus/electStats2013.aspx), [20 de março

24.2015].

25   Boletim Técnico 145, Environmental Dynamic International 2012.

26   .(http://goldensun.com/dubaibiz/dxbinfo/climate.html),[10 de setembro de 2016].

27,(http://checalc.com/guide/effectiveness_NTU.html) [15, abril 2016]

Printed by Books on Demand GmbH, Norderstedt / Germany